そもそもなぜをサイエンス 5

食べものはなぜくさるのか

山崎慶太 著　大橋慶子 絵

目次

食べものは、かならずくさる	▶p02
食べものは水と有機物でできている	▶p04
「くさる」とは食べものが別の有機物に変化すること	▶p06
くさるとくさいタンパク質	▶p08
食べものをくさらせる原因は細菌	▶p10
細菌がいなければくさらない ── パスツールの発見	▶p12
食べものをくさらせるもうひとつの原因 ── カビ	▶p14
くさったものを食べたら、かならずおなかをこわす？	▶p16
くさっていなくてもおなかをこわす ── 食中毒	▶p18
くさっても食べられるもの	▶p20
コウジカビによる発酵 ── 米を甘酒に、大豆をみそに変える	▶p22
酵母菌は糖をアルコールに、乳酸菌は糖を乳酸に変える	▶p24
酸素も食べものをくさらせる	▶p26
くさる、さびる、老化 ── みんな酸化現象	▶p28
細菌やカビを殺し、酸素を取り除いて、くさらせない	▶p30
細菌やカビをふやさない工夫 ── 干もの・冷蔵・くんせい	▶p32
生きている生物がくさらないわけ	▶p34
皮ふに1兆個、腸には1000兆個の細菌がいる	▶p36
もしも、細菌やカビがいなかったら	▶p38

大月書店

食べものは、かならずくさる

くさったパン

食べものを長いあいだおいておくとくさります。牛乳がかたまってドロドロになって、くさいにおいがしたり、台所の三角コーナーの野菜くずからくさいにおいがしたことはありませんか。

　食べものがくさると、くさいにおいがすることがあります。「くさい（臭い）」という言葉は「くさる（腐る）」が語源です。ほかに、形がくずれる、色が変わる、へんな味がする、すっぱい味がする、糸をひく、カビがはえるなどの変化でも食べものがくさったことがわかります。色や形が変わっていなくても、くさくなくても、すっぱくない食べものが少しすっぱく感じたらくさっている証拠です。

　どうして、食べものはくさるのでしょうか？くさると、何が変わるのでしょうか？

くさった野菜

くさったリンゴ

食べものは
水と有機物でできている

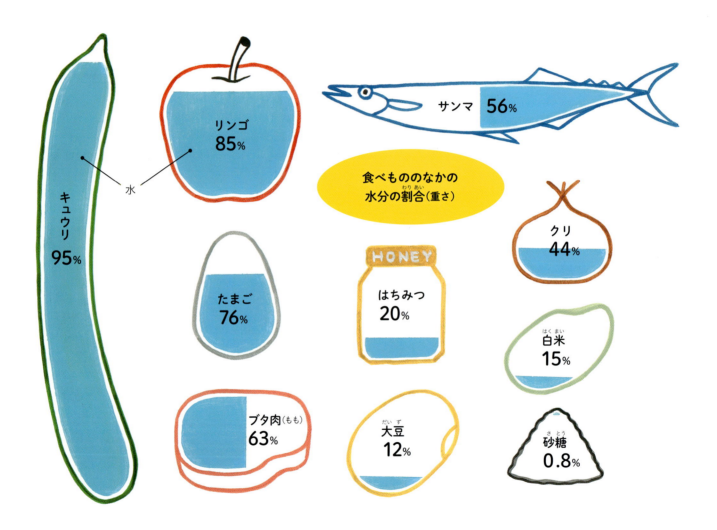

◀魚焼き用の網でにぼしを焼く

炭になったにぼし

わたしたちが食べているものは、生物のからだです。生物のからだは、おもに水と「有機物」でできています。有機物とは、炭素、水素、酸素などが結びついている物質です（③巻、④巻参照）。

炭は有機物のなかの炭素

炭になったフランスパン
（炭焼き職人に焼いてもらいました）

炭になった野菜

ミニカボチャ
パプリカ
エリンギ
レモン
ニンジン

▲野菜を空きかんに入れて、アルミホイルでふたをして、小さい穴をあけて熱すると炭ができる。

ドライフルーツやにぼしなど、乾燥させた食べものを魚焼き用の網などで熱すると、黒くこげて、表面から湯気が出ます。黒いこげは炭で、有機物のなかの炭素です。残りの水素と酸素がむすびついて湯気（つまり水）になって出てくるのです。

水や食塩、金属、空気など有機物以外の物質を、「無機物」といいます。これらは熱してもこげません。

「くさる」とは食べものが別の有機物に変化すること

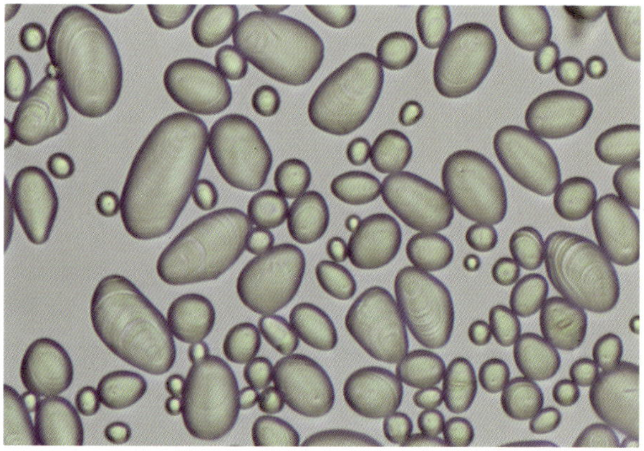

▲ジャガイモのデンプン（180倍、写真 伊知地国夫）

炭水化物がふくまれている割合（重さ）

砂糖やせんべいに多いんだ

- 砂糖（上白糖） 99%
- せんべい 86%
- スパゲッティ（乾燥） 72%
- ポテトチップス 55%
- もち 50%
- イチゴジャム 48%
- 食パン 47%
- 干しワカメ 42%
- サツマイモ（やきいも） 39%
- ごはん（精白米） 37%
- 中華めん（ゆで） 29%
- 大豆 28%
- バナナ 21%
- メロン 10%
- ダイコン 4%
- 牛肉（もも、和牛） 0.5%
- たまご（なま） 0.3%
- タコ 0.1%

有機物にはいろいろな種類がありますが、おもなものは、炭水化物・脂質・タンパク質の3種類です。「炭水化物」は、砂糖・ブドウ糖・デンプンなどで、いずれも白い固体です。砂糖やブドウ糖は水にとけて甘い味がします。これらを「糖類」といいます。デンプンはコメやイモにふくまれている物質で、数百〜千個のブドウ糖が結びついてできていて、水にとけないので味はしません。

　炭水化物はくさると糸をひいたり、すっぱくなったりします。それは、炭水化物がねばり気のある別の有機物に変化したり、すっぱい味がする有機物（酸）に変化したりするためです。

　植物からとったサラダ油や、動物の肉のあぶら身など、水にまぜようとしてもすぐに分かれてしまう物質を「脂質」といいます。脂質がくさると、色や味が変わるのは、別の有機物に変化するからです。

　食べものはおもに水と有機物でできていますが、くさったものも水と有機物でできています。つまり、くさるということは、有機物が別の種類の有機物に変化したということなのです。

脂質がふくまれている割合（重さ）

食品	割合
サラダ油	100%
マーガリン	82%
バター	81%
マヨネーズ	75%
クルミ	69%
ゴマ	55%
バターピーナッツ	51%
牛肉（ばら）	50%
ポテトチップス	45%
生クリーム	34%
マグロ（とろ）	28%
大豆	19%
イクラ	16%
食パン	4%
イカ	1%
トリ肉（ささみ）	0.8%
ごはん（精白米）	0.3%
トマト	0.1%

「バターやマヨネーズに多いのね」

くさるとくさいタンパク質

　食べものがくさったとき、くさくなるのは、おもにタンパク質が原因です。
　タンパク質は、炭素・水素・酸素のほかに、窒素や硫黄がむすびついた有機物です。そのため、タンパク質がくさると、窒素や硫黄をふくむ有機物や無機物が何種類もできます。これらの物質はどれもくさくて害があります。
　肉や魚がくさるとくさいのに、野菜や果物がくさってもあまりくさくなりません。それは、植物のからだは、動物のからだとくらべるとタンパク質の割合が少ないためです。生物のからだは細胞という小さな部屋がたくさん集まってできています。細胞のなかは、動物も植物も水以外はほとんどがタンパク質です。しかし、植物の細胞は、動物にはない細胞壁という厚い壁におおわれています（右ページ上の図）。細胞壁はセルロースという炭水化物でできています。その分、動物の細胞とくらべると炭水化物が多く、タンパク質が少なくなっています。だから、イヌやネコなどの肉食動物のフンにくらべて、ヤギやウサギなどの草食動物のフンのほうがくさくないのです。

バナナ

牛肉

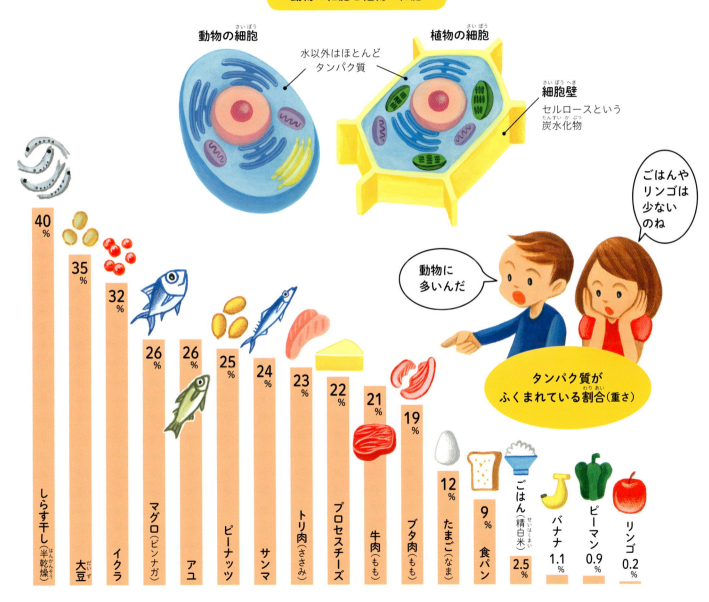

食べものをくさらせる原因は細菌

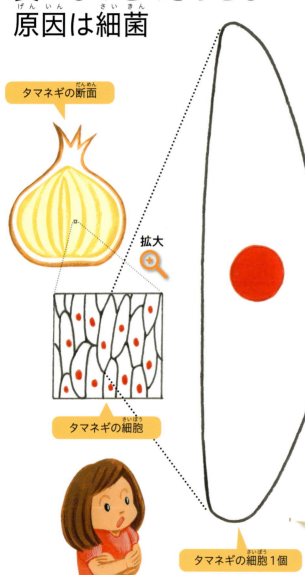

タマネギの断面
拡大
タマネギの細胞
タマネギの細胞1個
乳酸菌。大きさはタマネギの細胞の約100分の1

　食べものをくさらせる原因はなんでしょうか。その代表が細菌です。細菌は生物ですが、からだがたったひとつの細胞からできている「単細胞生物」（3巻5ページ参照）です。細菌の細胞は動物や植物の細胞とくらべるとずっと小さくて、10分の1〜100分の1の長さしかありません。

　細菌は、食べものにふくまれている有機物を変化させます。そして、変化した有機物を取り入れて、自分のからだをつくる材料にしたり、生きるためのエネルギーにつかっています。

　食べものがくさるということは、食べものについた細菌が、必要な物質を吸収するために、食べものにふくまれている有機物を別の有機物に変化させたり、吸収した有機物を別の有機物や無機物に変化させてからだの外にすてた結果なのです。

細菌は「分れつ」といって、ひとつの細胞が2つに分かれて、それぞれが別々の細胞になってふえていきます。分れつしてできた2つの細胞は、それぞれ成長して一定の大きさになるとまた分れつします。このように、ひとつが2つに、2つが4つに、4つが8つにと、どんどんふえていきます。条件がよいと、20分に1回分れつします。「20分に1回」というと、たいしたことではないように思えますが、ひとつの細菌が7時間後には約100万個にふえてしまいます。こうして細菌がふえることで、食べものの有機物が別の有機物や無機物に変化し、食べものはどんどんくさっていきます。

細胞が20分に1回分れつすると…

20分 ← 20分 ← 20分 ← 20分 ← 20分 ← 20分 ← 20分

- ひとつの細菌
- 分れつして2つに
- 分れつして4つに
- 分れつして8つに
- 分れつして16に
- 分れつして32に
- 分れつして64に

いろいろな形の細菌

- 単球菌（たんきゅうきん）
- 双球菌（そうきゅうきん）
- 四連球菌（しれんきゅうきん）
- 八連球菌（はちれんきゅうきん）
- ブドウ球菌（きゅうきん）
- 短かん菌
- 長かん菌
- コンマ菌
- ラセン菌

細菌がいなければくさらない
―― パスツールの発見

　1672年、オランダのレーウェンフックは自分で顕微鏡をつくって、細菌や水中のプランクトンなど、目に見えない生物を発見しました。

　18世紀には、細菌が食べものをくさらせることにかかわっていることがわかってきました。そのころは、外から細菌がくるのではなく、そのままにしておくと、食べものから自然に細菌が生まれてくると考えられていました。

　しかし、1765年にイタリアのスパランツァーニがそれを否定する実験を行いました。フラスコに豆の煮汁を入れて、空気を追い出してから口の部分に炎を当ててガラスをとかして閉じます。その後、フラスコをふっとうした湯のなかで熱して細菌を殺すと、長期間保存しても細菌は再びあらわれませんでした。つまり「細菌は親の細菌がいないところからは生まれない」ことを証明したのです（右ページ上の図）。

　彼の実験はのちに、食品を長期に保存する方法として大きな影響を与えました。

レーウェンフック

▲レーウェンフックの顕微鏡（初期のもの）

お〜！見える見える

レンズ（ここからのぞく）
ここに見たいものを置く
手にもって見る

しかし、スパランツァーニの実験に対して、「細菌が生まれなかったのは、空気がなくなったからだ」という反論が出されました。それに対して、空気があっても細菌が外から入らなければくさらないことを証明したのはフランスのパスツールでした。

　1861年、パスツールはフラスコの口を熱して長く伸ばし、右下の図のような「白鳥の首フラスコ」をつくりました。このフラスコは外とつながっていて、空気は出入りできますが、細菌はフラスコのくびれに落ちてスープのなかまで入れません。フラスコを十分熱して、スープのなかにいる細菌を殺すと、しばらくそのままにしておいても細菌は生まれず、スープはくさりませんでした。こうして、空気があっても細菌は自然には生まれてこないことが証明されたのです。

スパランツァーニの実験

▲空気を追い出し、フラスコの口を閉じて、豆の煮汁をふっとうした湯で熱すると、細菌は死んで再びあらわれることはなかった。

パスツール

パスツールの「白鳥の首フラスコ」

スープの入ったフラスコを熱して、細菌を殺す

空気はフラスコの中を出入りできる

空気は出入りできるが、細菌はくびれのところで落ちてしまう

食べものをくさらせるもうひとつの原因
——カビ

　食べものをくさらせる原因は、細菌だけではありません。カビもそのひとつです。カビのなかまは多細胞生物で、体は「菌糸」という細長い細胞がつらなってできています。カビも細菌と同じように、食べものにふくまれている有機物を変化させます。それによってできた有機物を取り入れて、自分のからだをつくる材料にしたり、生きるためのエネルギーにつかっています。カビがはえて食べものがくさるのは、細菌の場合と同じように、カビが食べものにふくまれる有機物を別の種類の有機物に変化させているからです。

ミカンに生えたアオカビ

緑色はカビの胞子

白色はカビの菌糸

カビは粉のような小さなつぶ状の胞子をつくって子孫を残します。カビの胞子は、私たちのまわりの空気中にただよっています。その数は空気1m³あたり数個から数百個、カビくさい湿った場所では数千個にもなります。そのため、食べものを長いあいだ放っておくと空気中のカビの胞子がくっつき、そこから菌糸がどんどんのびてカビが成長します。こうして、カビが有機物を変化させていくと、食べものは「カビがはえてくさった」状態になっていきます。

▲黒いカビ、先の丸い部分が胞子が入ったふくろ（40倍、写真　伊知地国夫）

▲白いカビ、黒い糸のようなものが菌糸、白い花のようなものが胞子のかたまり（28倍、写真　伊知地国夫）

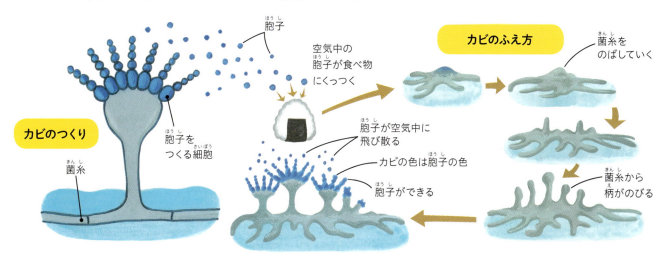

くさったものを食べたら、かならずおなかをこわす？

　くさった食べものを食べるとかならずおなかが痛くなり、はげしく吐いたり、下痢をしたりすると思っていませんか？　しかし、くさった食べものやカビのはえた食べものを少しくらい食べても具合が悪くなることはほとんどありません。くさった食べものはくさいうえに味もわるいので、たくさん食べることはありません。したがって、重い症状になることはほとんどなく、一度下痢をすればたいていはなおってしまいます。

　くさったものを食べると、たまにおなかをこわすことがありますが、それは食べものにふくまれていた細菌やカビを食べたためではありません。細菌やカビが有機物を変化させてできた有害な物質（アンモニアや硫化水素など）を食べたことが原因です。

人の味覚(味を感じる能力)や嗅覚(においを感じる能力)はよくできていて、多くのばあいからだに必要なものはおいしく感じ、有害なものはまずく感じます。たとえば、生きるために必要なエネルギー源となる糖類は甘く感じ、揚げ物などの油はおいしく感じます。一方、くさった食べものはくさくて、すっぱくてまずい味がします。こうして、わたしたちは有害なものをからだのなかに取り込まないようにしているのです。

　また、野菜や山菜のなかには生で食べると酸味や苦みが強くて、そのままでは食べられないものが多くあります。それは植物が昆虫やけものなどに食べつくされないように、有害な物質をつくっているためです。わたしたちは、食べものを炒めて害のない物質に変えたり、ゆでることで有害な物質をとりのぞいて食べています。

おいしいものは糖と油でできている

くさっているものはおいしく感じない

くさっていなくてもおなかをこわす──食中毒

　食中毒は、はげしい腹痛とともに下痢や吐き気が何度もつづく病気で、熱が出ることもあります。食べものをくさらせる細菌は「腐敗菌」（腐敗＝くさる）と呼ばれるなかまですが、腐敗菌を食べても食中毒になることはありません。食中毒をおこすのは「食中毒菌」です。そして食中毒の多くは、くさっていない食べものを食べたときにおこっています。

　食中毒を起こす細菌は、腸炎ビブリオ菌、サルモネラ菌、O-157、黄色ブドウ球菌、ボツリヌス菌などの特定の細菌たちです。これらの細菌は生の肉や魚についていることが多いため、焼き方が不十分なものや、さしみとして生で食べて食中毒になるのです。

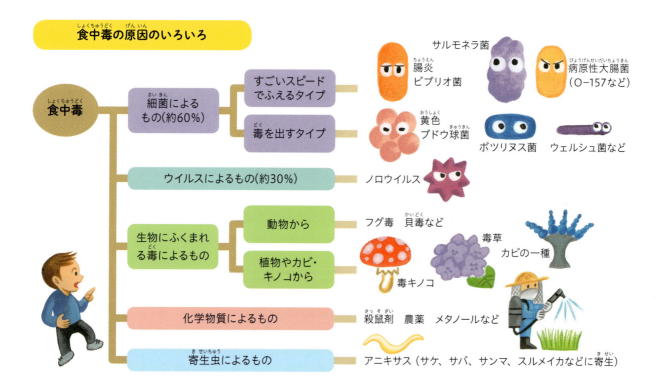

食中毒の原因のいろいろ

食中毒菌が原因の食中毒は大きくふたつに分けることができます。ひとつはサルモネラ菌のように、ものすごいスピードでふえ、小腸の細胞をこわして、食中毒をおこすタイプです。症状としては、熱が出て、おなかが痛くなり、下痢をおこしたり、吐いたりします。

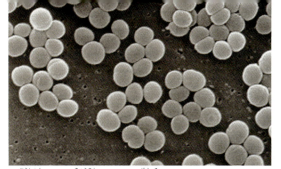
▲黄色ブドウ球菌、強力な毒素をつくり出す（6200倍）

　もうひとつは、ボツリヌス菌、黄色ブドウ球菌によるもので、これらの細菌のふえる速さはゆっくりですが、強力な毒素をつくりだすので、少ない数でも食中毒をおこします。このタイプの食中毒では、発熱することはほとんどなく、はげしく吐いたりするのが特徴です。また、このタイプの食中毒は食品を熱して細菌を殺しても、高温に強い毒素が残っているために食中毒になってしまいます。また、カビのなかにも毒素によって食中毒をおこすものがいます。

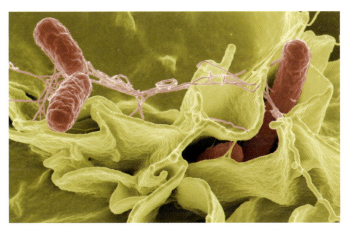
▲サルモネラ菌（赤く色をつけてある部分、7500倍）、すごいスピードでふえる。

　ヒトの大腸のなかにも生息しているウェルシュ菌は「給食菌」とも呼ばれ、集団食中毒をよくおこす細菌です。大腸のなかは乳酸菌のはたらきで、酸性なのであまりふえることはできません。しかし、温かい食べもののなかではものすごい勢いでふえます。カレーを温めて食べたのに食中毒にかかることがあるのは、ウェルシュ菌がつくりだした毒素によるものです。予防のためには、トイレに行ったあとなどに手をよく洗うことが大切です。

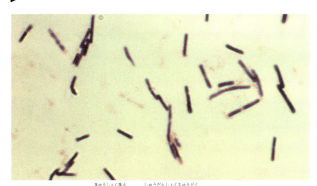
▲ウェルシュ菌（給食菌）、集団食中毒をよくおこす（800倍）

くさっても食べられるもの

　食べものがくさると食べることができなくなりますが、くさっても食べることができる場合があります。食べることができない場合を「腐敗（ふはい）」といい、食べることができる場合を「発酵（はっこう）」といいます。どちらも、細菌やカビなどが、有機（ゆうき）物を変化させてエネルギーを取り入れるはたらきの結果としておこります。腐敗と発酵は、そのときにできた物質が人間にとって有害（ゆうがい）なものをふくむか、無害（むがい）なのかで区別（くべつ）しているのです。

腐敗（ふはい）

くさって食べられない

発酵（はっこう）

ヨーグルト　　納豆（なっとう）

くさっても食べられる

発酵を利用している食品として、ヨーグルト、納豆、ぬかづけ、キムチ、チーズ、かつおぶし、酒、甘酒などがあります。みそ、しょうゆ、酢などの調味料も発酵食品です。チョコレートやコーヒーは果実を、紅茶は葉を発酵させてつくります。

　食品を発酵させると、長期保存ができるようになります。発酵食品は、消化しやすく、もとの食材にはなかったビタミンなどがふえ、独特のおいしい味になります。

　そのほか、食品にふくまれている有害な物質を無害な物質に変えます。また、発酵食品にふくまれている乳酸菌などのはたらきによって、病気にかかりにくくなります。

発酵食品のいろいろ

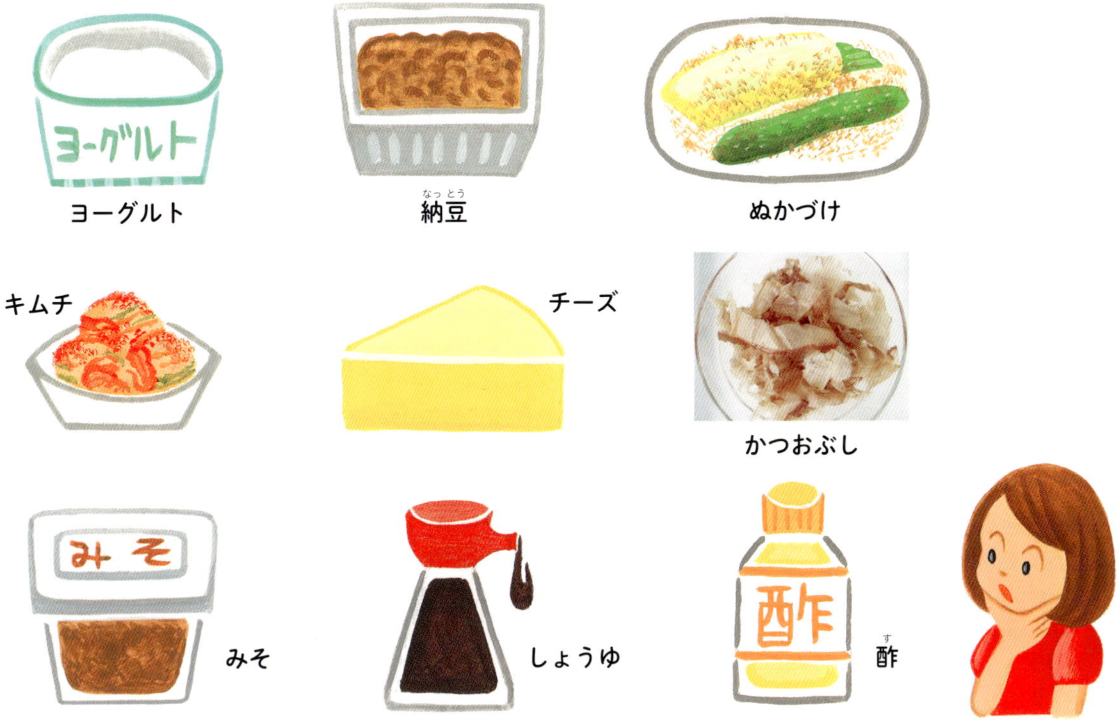

ヨーグルト　納豆　ぬかづけ

キムチ　チーズ　かつおぶし

みそ　しょうゆ　酢

コウジカビによる発酵
—— 米を甘酒に、大豆をみそに変える

コウジカビはその名のとおりカビのなかまです。落ち葉、動物のフン、長時間室内においてあった食べものなどによく見られます。コウジカビは米や小麦、大豆などにふくまれているデンプンをブドウ糖に変化させる性質がすぐれていて、米から甘酒や日本酒、みりんなどをつくるときに使います。甘酒は家庭でもかんたんにつくることができる発酵食品です（右ページ参照）。

また、タンパク質をアミノ酸に変化させる性質もすぐれていて、大豆からみそやしょうゆをつくるときにも使います。

コウジカビ

落ち葉のカビ

動物のフンのカビ

米麹

ごはんのカビ

（360倍、写真 アフロ）

炊飯器で甘酒をつくる

材料：米（2合）、米麹（400g）、水（炊飯器の目もりの2倍）
道具：炊飯器、キッチン温度計（100円ショップなどにあります）、ぬらしたふきん

❶ 白米または玄米2合を炊飯器の目もりの2倍の水でやわらかく炊く。

2倍の水で炊く

❷ 炊きあがったら炊飯器のフタを開けておき80℃くらいまでさます。
※キッチン温度計ではかる

80℃までさます

❸ 米麹（スーパーマーケットなどにあります）を入れてよくまぜる。

❹ 温度が50〜60℃くらいの状態になったら、ぬらしたふきんをかけて、炊飯器のふたを開けたまま保温スイッチを入れる。この状態で5〜8時間くらい保温する。保温なべを利用してもよい。

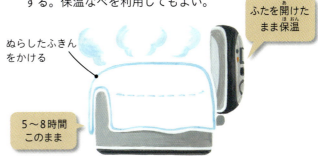

ぬらしたふきんをかける

ふたを開けたまま保温

5〜8時間このまま

❺ とろみが出て甘くなったらできあがり。ミキサーにかけると飲みやすくなる。好みで適当にお湯や、しょうが汁を加える。冷蔵庫で数日間、保存できる。発酵がすすみすぎるとすっぱくなります。

ミキサーでこまかくする

しょうが汁

湯

冷やしてもおいしい

酵母菌は糖をアルコールに、乳酸菌は糖を乳酸に変える

　酵母菌は単細胞生物ですが、細菌ではなく、カビやキノコのなかまです。酵母菌は、食品にふくまれる糖（ブドウ糖）をエチルアルコールと二酸化炭素に変化させ、そのときに出るエネルギーを利用して生きています。酵母菌は英語で「イースト」といいます。パンをつくるときにつかうドライイーストは酵母菌を乾燥させて休眠させたもので、砂糖水を加えると休眠からさめてふえていきます。

　エチルアルコールは注射をするときの消毒に使われる物質で、細菌やカビなどを殺すはたらきがあります。酵母菌は自分が死なないていどの濃さのエチルアルコールを自分のまわりにすてます。こうして、ほかの細菌やカビを寄せつけないようにして、ブドウ糖をひとりじめしているのです。

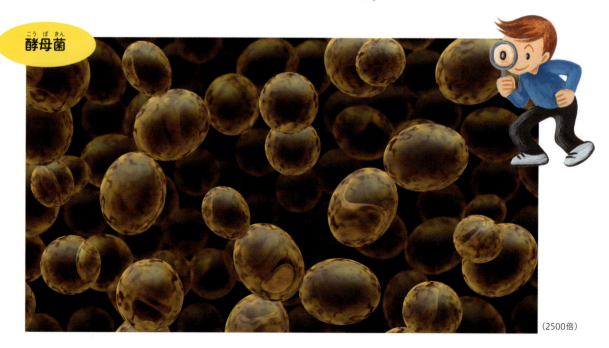

酵母菌

（2500倍）

　私たちは酵母菌のはたらきを利用して酒やパンなどをつくっています。日本酒は蒸した米のデンプンをコウジカビ（22ページ）によってブドウ糖に変化させ、さらにその糖を今度は酵母菌によってアルコールに変化させてつくります。こうして、約13％の濃さのエチルアルコールをふくむ日本酒ができあがります。

　パンをつくるときは、酵母菌がつくり出す二酸化炭素によって生地をふくらませます。このときいっしょにできたエチルアルコールはパン生地を焼くときの熱で蒸発してしまいます。

▲パンをつくるときの酵母菌（ドライイースト）

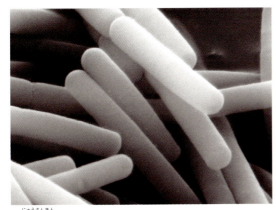

▲乳酸菌（23000倍、写真 日本電子）

　ヨーグルトをつくるのに利用する乳酸菌は細菌のなかまです。乳酸菌は、糖を乳酸に変化させてエネルギーを取り入れています。牛乳に乳酸菌を加えると、牛乳のなかの乳糖が乳酸に変化します。乳酸にはタンパク質をかためるはたらきがあるので、牛乳のタンパク質がかたまって、ヨーグルトができます。

　このほかに大豆を発酵させて納豆をつくる納豆菌、アルコールを発酵させて酢をつくる酢酸菌などがあります。

酸素も食べものをくさらせる

　食べものをくさらせる原因は細菌やカビでした。しかし、それらがいなくてもくさることがあります。それは空気中にある酸素によるものです。酸素はいろいろな物質と結びつきやすい性質があり、別の物質に変化させてしまいます。この変化を「酸化」といいます。食べものを長いあいだ空気中に置いておくと、食べものにふくまれている有機物が酸化して食べられなくなります。

　「くさる」という現象は、下の図のように3つにわけることができます。

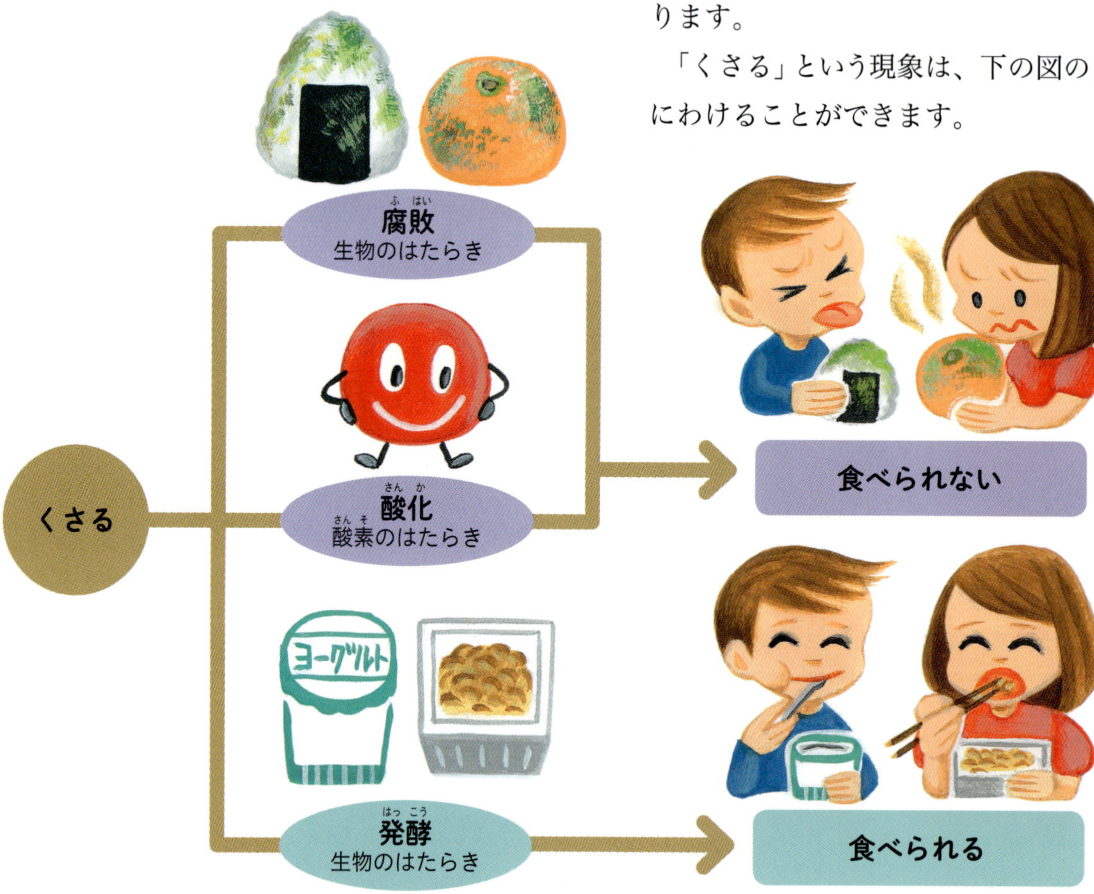

くさる
- 腐敗　生物のはたらき → 食べられない
- 酸化　酸素のはたらき → 食べられない
- 発酵　生物のはたらき → 食べられる

酸化した食べものや飲みものは色が変わったり、味が落ちたりします。熱い緑茶をポットに入れて保温すると2時間ほどで黄緑色が茶色になってしまいます（右上の写真）。酸化は温度が高いほどはやくすすむので、保温したお茶にふくまれている有機物が酸化して茶色になるのです。

　ふたをあけていないペットボトルのお茶でも、1年くらいすると、酸化して茶色になります。ペットボトルの容器もほんのわずかですが、酸素をとおすからです。

　油も酸化します。酸化した油をふくんだ食べものは味が落ちたり、色やにおいが少し変わったりしますが、くさいにおいがしたり、食べられないほどまずいわけではないので、たくさん食べてしまうことがあります。

お茶をポットで2時間保温したもの

2時間たったそのままのお茶

1年たって酸化したお茶

新しいお茶

新品のオリーブオイル　→　1時間熱して酸化した状態

※危険なので実験しないでください。

　とくに植物油は熱したり、空気にふれたりするとすぐに酸化してしまいます。酸化した油を取りすぎるとからだによくありません。天ぷらや、トンカツ、フライ、唐揚げなどは、できるだけ新しい油で揚げた、できたてのものを食べるようにしましょう。

くさる、さびる、老化
——みんな酸化現象

　鉄でできたくぎを長いあいだ置いておくと赤茶色にさびることがあります。銅でできた10円玉も新品のときはピカピカに光っていますが、古くなると、さびて光らなくなってしまいます。このように金属がさびるのは、金属が空気中の酸素と結びついて酸化するからです。「さびる」ことは、食べものの有機物が酸化して「くさる」ことと同じ現象です。

　食べものがくさったり、金属がさびたりするように、人のからだをつくっている有機物も酸化します。

さびたくぎ

新品の10円玉と
さびた10円玉

わたしたちは、肺から取り入れた酸素を使って、全身の細胞でエネルギーをつくりだしています（3巻『人はなぜ酸素を吸うのか』参照）。そのときに、わずかですがふつうの酸素よりもずっとほかの物質と結びつきやすい「活性酸素」という物質ができます。活性酸素は、からだの細胞を酸化させ、病気の原因になります。そこで、わたしたちの細胞は活性酸素をすぐにふつうの酸素や別の物質に変えるはたらきをもっていて、からだが酸化することをふせいでいます。

　活性酸素は、呼吸以外でもストレスやビタミン不足、紫外線など、さまざまな原因でふえます。年をとると、こうした活性酸素の増加をおさえるはたらきが弱くなるために、からだのなかで酸化がすすみ、細胞が死んでしまいます。たとえば、しわがふえるのは、肌にはりをあたえるコラーゲンというタンパク質が酸化して少なくなることによって起こります。また、活性酸素が遺伝子をきずつけると、正常な細胞ががん細胞に変化してしまいます。

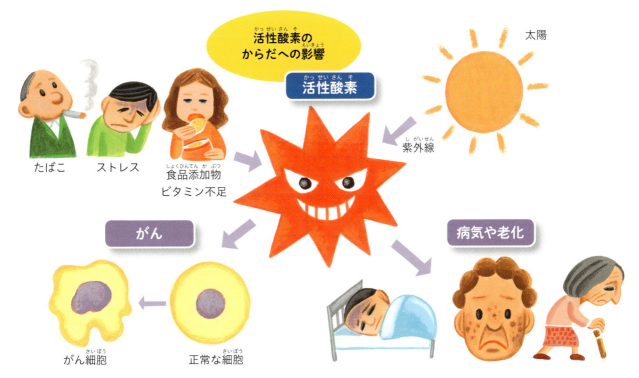

活性酸素のからだへの影響

細菌やカビを殺し、酸素を取り除いて、くさらせない

　食べものをくさらせないためにはどうしたらよいでしょうか。その決め手は食べものをくさらせる原因—細菌やカビ、酸素をどうやっておさえこむかです。

　ほとんどの細菌やカビは、高温にすることや、酸やエチルアルコールで殺すことができます。それは細菌やカビのからだをつくっているタンパク質が60℃以上の高温や酸、アルコールによって変化してしまうからです。カレーやシチューをときどき温めなおしたり、調理器具を熱湯消毒するのは高温で殺菌するためです。ごはんに酢（酸）を加えて酢めしにしたり、イワシやサバなどのくさりやすい魚を酢につけると長持ちします。また、梅酒や果実酒のように、果実をしょうちゅうなどのお酒（エチルアルコール）につけるとくさりにくくなります。

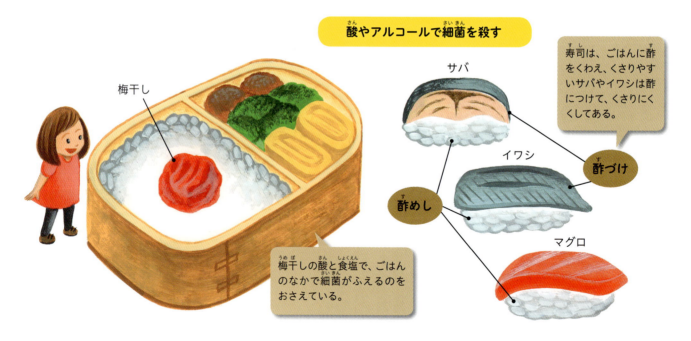

酸やアルコールで細菌を殺す

梅干しの酸と食塩で、ごはんのなかで細菌がふえるのをおさえている。

寿司は、ごはんに酢をくわえ、くさりやすいサバやイワシは酢につけて、くさりにくくしてある。

ほかにつけものやジャムのように塩づけや砂糖づけにして保存する方法があります。これは濃い塩水や砂糖水には生物の細胞から水をうばう性質があるからです。野菜や果実を塩や砂糖につけると水がぬけてしなびるのはそのためです。細菌やカビも細胞から水がぬけて死んでしまいます。

　食べものの酸化をふせぐには食べもののまわりから酸素をとりのぞくことです。それには、真空にする、窒素などの気体をつめる、酸素を取り除く脱酸素剤を加える、食品よりも酸素と結びつきやすいビタミンCやEなどを酸化防止剤として加えるなどの方法があります。

　かんづめは、調理ずみの食品をかんにつめたあとで空気をぬいてふたをしてから、熱して殺菌します。脱酸素剤はお菓子のふくろによく入っています。また、ペットボトルの飲み物にはビタミンCが、カップめんやケーキなど油をふくむ食品にはビタミンEが酸化防止剤として加えられていることが多いです。

乾燥剤

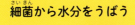
細菌から水分をうばう

ジャム（砂糖づけ）

梅干し（塩づけ）

空気をぬいてから熱して殺菌する

かんづめ

窒素を入れて酸素を取り除く

ポテトチップスのふくろには窒素が入っている。

脱酸素剤や酸素と結びつきやすいビタミンをいれる

▲菓子のふくろに入っている脱酸素剤（なかの鉄粉が酸素と結びついて、菓子の酸化をふせいでいる）。

▲ペットボトルのお茶にはビタミンCが入っている。

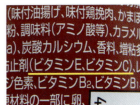
▲カップめんにはビタミンCやビタミンEが入っている

細菌やカビをふやさない工夫
——干もの・冷蔵・くんせい

　細菌やカビが生きていくためには水が必要です。そこで、食べものを乾燥させることで、細菌やカビがふえるのをふせぐことができます。魚の干ものや干しワカメ、カップめん、ドライフルーツなどがそうです。また、食べものを冷蔵庫に入れるのは、低温にして細菌やカビがふえるのをふせぐためです。多くの細菌やカビは、10℃以下の低温では、活動がおとろえたり、休眠してしまうからです。

食品を乾燥させて水をとりのぞく

- アジの干もの
- するめ
- ドライフルーツ

細菌は10℃以下で休眠する

- 冷蔵庫 1〜5℃
- 野菜室 5〜7℃
- 冷凍庫 マイナス18〜マイナス20℃

また、植物が自分のからだを守るためにつくっている物質を利用する方法もあります。たとえば、ワサビ・カラシ・トウガラシなどのからみ成分には細菌やカビがふえないようにするはたらき（抗菌作用）があります。このはたらきを利用したのが、駅弁やコンビニ弁当のごはんやおかずの上にかぶせてある透明なシートです。シートにはワサビのからみ成分がぬってあります。

　そのほか、「くんせい（燻製）」といって、サクラやカシなどの木をもやしたときに出る煙で食品をいぶす方法があります。くんせいにつかう煙のなかには殺菌作用や特有のこうばしい香りのある物質が400種類以上もふくまれています。くさりやすい肉や魚をくんせいにすると長期間保存することができます。かつおぶしやベーコン、ハムなどもくんせいにした食品です。

細菌がふえないようにするはたらきがある

わさび　　からし

とうがらし

くんせいにした食品

ハム、ソーセージ、ベーコン

かつおぶし

▲肉のくんせい

生きている生物がくさらないわけ

　死んだ生物のからだをそのままにしておくとくさります。同じように、わたしたちのからだも死ぬとくさります。では、生きているわたしたちのからだはどうしてくさらないのでしょうか。それは、わたしたちのからだには酸化をふせぐはたらきや、病気の原因となる細菌やカビなどを退治するはたらきがあるからです。

　空気中にはカビの胞子やたくさんの種類と数の細菌がただよっていて、常にわたしたちのからだのなかに侵入しようとしています。しかし、わたしたちのからだはいろいろな方法でそれらの侵入をふせいでいます。たとえば、せきやくしゃみによって気管や鼻の粘膜についた病原菌や腐敗菌を追い出します。下痢や吐くことも病原菌のついた食べものを早くからだの外へすてるはたらきです。唾液（つば）、涙、鼻水、汗などには、細菌を退治する物質がふくまれています。さらに、胃液には塩酸がふくまれていて、食べものについていた細菌やカビなどを退治しています。

せきやくしゃみで細菌を追い出す

汗や涙は細菌を退治する

これらの関門を突破して、体のなかに病原菌や腐敗菌が侵入してきても、わたしたちの血液のなかには、それらを食べて退治してくれる特別な細胞があります。また、特定の種類の病原菌だけを退治する「抗体」という物質をつくる細胞もあります。抗体をつくる細胞は、病原菌の種類によってちがい、1000万種類以上もあります。それらの細胞は一度体のなかに侵入した病原菌をしばらくのあいだ記憶していて、その病原菌がふたたび侵入してくるとすぐにそのための抗体をつくります。
　麻疹（はしか）や結核に一度かかるとふたたびかからないのは、こうしたしくみのおかげです。
　このような病気をふせぐはたらきを「免疫」といいます。病気になると熱が出るのは、免疫のはたらきを活発にするためです。
　人や動物だけではなく、植物も固くて厚い細胞壁で細胞をおおったり、細菌やカビなどを殺す物質をつくって、病原菌の侵入をふせいでいます。

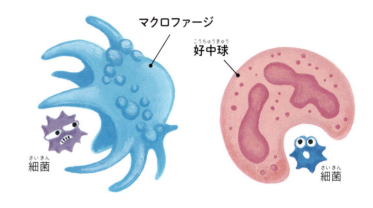

病原菌を食べて退治する細胞

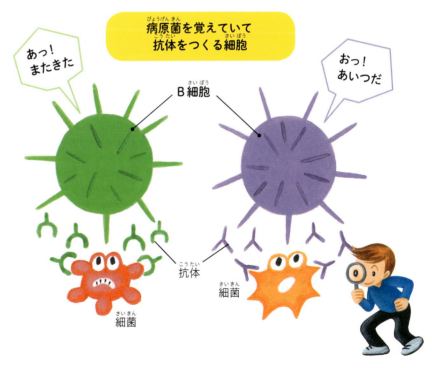

病原菌を覚えていて抗体をつくる細胞

皮ふに1兆個、腸には1000兆個の細菌がいる

細菌には病気の原因になるものもいますが、わたしたちのからだをまもっているものもいます。たとえば、人の皮ふには約200種、1兆個もの細菌がいて、これらは皮ふの細胞から出る脂や汗にふくまれるアミノ酸を別の酸に変化させ、そのときに出るエネルギーを利用して生きています。その酸が、湿しんや食中毒の原因となる有害な細菌がふえないようにして、わたしたちのからだをまもってくれているのです。

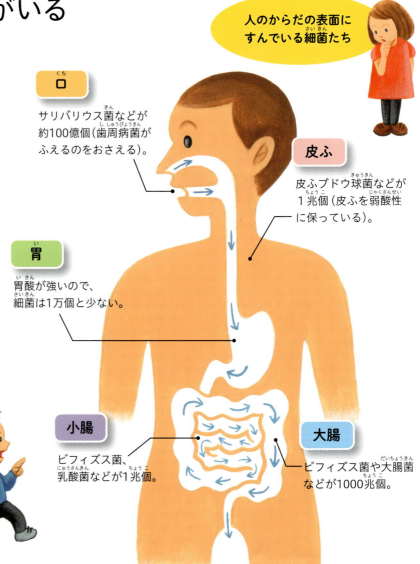

人のからだの表面にすんでいる細菌たち

口
サリバリウス菌などが約100億個（歯周病菌がふえるのをおさえる）。

皮ふ
皮ふブドウ球菌などが1兆個（皮ふを弱酸性に保っている）。

胃
胃酸が強いので、細菌は1万個と少ない。

小腸
ビフィズス菌、乳酸菌などが1兆個。

大腸
ビフィズス菌や大腸菌などが1000兆個。

また、人の腸には約3万種、約1000兆個もの腸内細菌がいます。これらの細菌は、①食べもののカス、役割を終えた腸の細胞、死んだ細菌などの有機物を大便にする、②病原菌の侵入や、それらがふえるのをふせぐ、③食物繊維の一部を人が吸収できる物質に変化させる、④脳内物質の材料やビタミンB群など、人にはつくることができない栄養素をつくるなど、さまざまなはたらきをしています。

　このように皮ふや消化管の内側など、わたしたちのからだの表面は無数の細菌におおわれていて、それらがつくりだす酸によって有害な細菌がふえないようにしているのです。ですから、細菌を気にしすぎて、必要以上に「抗菌」「滅菌」にこだわると、これらの有益な細菌たちまでも殺してしまって、かえって病原菌の侵入をゆるしてしまうことにもなりかねません。

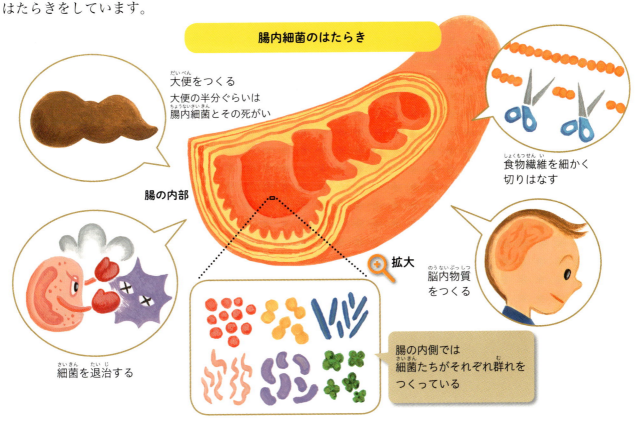

腸内細菌のはたらき

大便をつくる
大便の半分ぐらいは腸内細菌とその死がい

腸の内部

食物繊維を細かく切りはなす

拡大

脳内物質をつくる

細菌を退治する

腸の内側では細菌たちがそれぞれ群れをつくっている

もしも、細菌やカビがいなかったら

　植物は毎年落ち葉や枯れ枝を落とし、動物はフンをします。それらは、すべて有機物です。また、生物はやがて死に、その死んだからだも有機物です。

　これらの有機物は、土のなかにいるミミズやダンゴムシなどに食べられたり、細菌やカビ・キノコ*などによってくさらされ、最終的には二酸化炭素、水、アンモニアなどの無機物に変えられます。くさりにくい木の幹さえも、ある種のカビやキノコのなかまによってくさります。もしも細菌やカビ・キノコがいなければ、生物の死んだからだやフンはほとんどくさらず、山のようにつもってしまいます。

*キノコはカビと同じ菌類のなかまです。

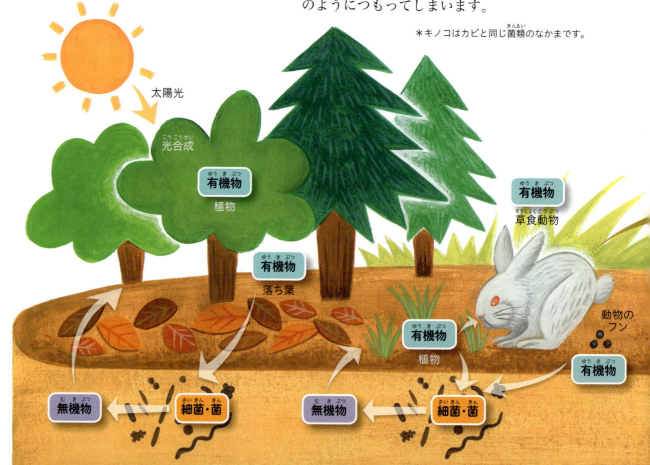

植物は、二酸化炭素と水のほかに、アンモニアなどの無機物を材料にさまざまな有機物をつくって生きています。また、植物が生きていくためには、カリウム、リン、マグネシウム、鉄などの無機物も必要です。しかし、地球上には二酸化炭素や水は大量にありますが、それ以外の無機物の量はそれほど多くなく、しばしば不足することもあります。細菌やカビ・キノコが有機物を無機物に変えることによって、植物は無機物をふたたび利用することができるのです。

　もしも細菌やカビ・キノコが有機物を無機物に変化させることができなければ、植物→動物→カビ・キノコ・細菌類→そしてまた植物という、生物のあいだでの物質の循環が断ち切られてしまって、ほとんどの生物は生きていけなくなります。

山崎慶太 やまざき けいた

1958年生まれ、東邦大学理学部生物学科卒業、千葉大学大学院教育学研究科修了、教育学修士。和光中学高等学校教諭、科学教育研究協議会会員。主な著書『くらべてわかる科学小事典』（共著・大月書店・2014年）、『学び合い高め合う中学理科の授業』（共編著・大月書店・2013年）、『講座　教師教育学　第Ⅱ巻　教師をめざす』（日本教師教育学会編・共著・学文社・2002年）、『ためしてわかる環境問題1〜3』（共編著・大月書店・2001年）、『理数科教師をめざす人のための教育実習』（共編著・紫峰図書・1995年）、『新理科のとびら』（共編著・日本標準・1994年）、『平和教育実践選書9　科学と平和』（共著・桐書房・1990年）ほか。

大橋慶子 おおはし けいこ

1981年生まれ、武蔵野美術大学卒業。イラストレーター、絵本作家として雑誌や書籍で活動中。主な著書『そらのうえ うみのそこ』（TOブックス）、『もりのなかのあなのなか』（福音館書店「かがくのとも」）ほか。

※4p、6p、7p、9pのデータは「五訂増補日本食品標準成分表」による

そもそもなぜをサイエンス5
食べものはなぜくさるのか

2017年1月20日　第1刷発行

発行者　中川 進
発行所　株式会社 大月書店
　　　　〒113-0033 東京都文京区本郷2-11-9
　　　　電話（代表）03-3813-4651　FAX 03-3813-4656
　　　　振替 00130-7-16387
　　　　http://www.otsukishoten.co.jp/

著者　　山崎慶太
絵　　　大橋慶子
デザイン　なかねひかり
印刷　　光陽メディア
製本　　ブロケード

ⓒ 2017 Yamazaki Keita　ISBN 978-4-272-40945-7 C8340
定価はカバーに表示してあります
本書の内容の一部あるいは全部を無断で複写複製（コピー）することは
法律で認められた場合を除き、著作者および出版社の権利の侵害となりますので、
その場合にはあらかじめ小社あて許諾を求めてください。